AF582271

# DE L'ART SÉRICICOLE AU PRINTEMPS DE 1840.

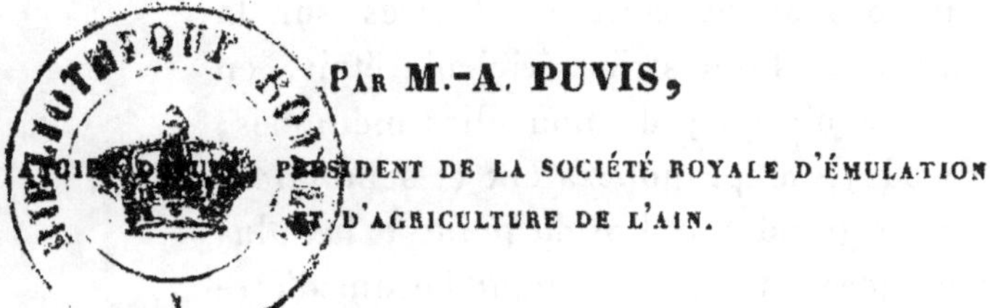


PAR M.-A. PUVIS,

…, PRÉSIDENT DE LA SOCIÉTÉ ROYALE D'ÉMULATION ET D'AGRICULTURE DE L'AIN.

PARIS,

CHEZ M^me HUZARD, LIBRAIRE, RUE DE L'ÉPERON, N° 7.

BOURG, IMPRIMERIE DE P.-F. BOTTIER.

1840.

# DE
# L'ART SÉRICICOLE
## AU PRINTEMPS DE 1840.



Au moment où nous avons écrit nos Lettres sur la production de la soie, l'industrie séricicole était, en quelque sorte, en révolution; de nouvelles méthodes, de nouveaux procédés, se propoposaient et semblaient déjà adoptés sur un grand nombre de points; la plupart étaient avantageux, mais ils avaient besoin d'être fixés. Les procédés d'aération Darcet, les éducations hâtées par l'élévation de la température, par la fréquence des repas, les délitemens au moyen des filets, l'alimentation par les tamis, les liteaux pour encabanages, étaient essayés et déjà réussis; mais ces procédés n'étaient point encore suffisamment fixés dans leur étendue et leurs avantages, et on ne connaissait pas les limites où ils devaient s'arrêter pour produire leur maximum d'utilité: la nécessité de la taille était reconnue, la taille d'hiver était proposée par un grand nombre, mais on était loin d'être d'accord sur la marche à suivre pour élever les jeunes mûriers, et on n'était point fixé sur les meilleurs moyens à employer pour entretenir, par la taille, la vigueur des mûriers adultes et l'abondance de leurs récoltes en feuilles. Toutes ces questions, sans doute, sont loin d'être résolues dans le moment présent, mais elles ont toutes fait quelques pas; et puis des nouveautés ont surgi; les papiers filets, les

1

aspersions de chaux en poudre, paraissent devoir offrir de grands avantages; nous nous proposons de les faire connaître en rendant compte de l'état actuel des choses.

## § I. — VENTILATION.

Plus les connaissances pratiques sur la production de la soie prennent de développement, plus il demeure constant que le renouvellement de l'air est la plus essentielle condition de succès.

M. Darcet, en imaginant sa magnanerie salubre, a créé un moyen sûr de porter et de maintenir l'atelier à la température qu'on désire, d'y introduire l'air frais et l'air chaud à volonté et de les distribuer à peu-près uniformément dans la magnanerie. Mais on s'est plaint que l'activité de la ventilation n'était point suffisante : des tentatives ont donc été faites pour l'accroître; après le tarare Combes, coûteux à établir, mais d'une puissance d'aspiration plus grande que le tarare Darcet, M. de Villeneuve, ingénieur en chef des mines, a imaginé un tarare simple à ailes obliques en bois, peu coûteux à construire, et dont néanmoins l'action a paru au moins aussi énergique que celle du tarare Combes.

D'autre part, M. Robinet qui se recommande si puissamment par son travail sur la filature des cocons, et ses cours gratuits et annuels d'industrie séricicole, vient de faire paraître des résultats d'expériences sur la ventilation qui offrent beaucoup d'intérêt; ces expériences ont été faites à l'aide d'un Néomètre qui mesure la vitesse du courant de l'air aspiré de la magnanerie. Il en est résulté :

1° Qu'en enlevant l'enveloppe circulaire du tarare, sans toucher aux enveloppes latérales où viennent aboutir les tuyaux d'aspiration de la magnanerie, on augmente son énergie d'une manière très-sensible;

2° Que la puissance d'aspiration s'accroît encore en aggrandissant les canaux qui apportent au tarare l'air de la magnanerie;

3° Qu'en donnant au tarare six ailes au lieu de quatre, et en les disposant tangentiellement à un axe de rotation d'un pied de diamètre, plutôt que dans le sens du rayon, son aspiration devient encore plus puissante;

4° Qu'en doublant sa vitesse et lui faisant faire 300 tours au lieu de 150, le courant d'air [illegible] fait faire un nombre de tours presque double au néomètre,

5° Le jeu du tarare perfectionné, en une heure de temps, n'a débarrassé qu'en partie la magnanerie de la fumée qu'on y avait introduite, d'où il faut conclure que l'espace d'une heure ne peut pas suffire avec le tarare perfectionné pour renouveler l'air vicié d'une magnanerie. Sans doute, dans cet espace de temps, il s'est évacué un volume d'air plus grand que celui de la magnanerie, sans que pour cela toute la fumée ait pu disparaître.

Nous remarquerons à cette occasion qu'une ventilation bien faite s'opère, d'un côté, par l'aspiration du tarare qui attire l'air au dehors, et, de l'autre, par l'affluence de l'air étranger qui remplace et pousse en quelque sorte devant lui l'air aspiré; cependant, il y a jusqu'à un certain point mélange de ces deux gaz de même nature, et, de ce mélange, il résulte que l'air ancien de l'espace ventilé est plus tardivement expulsé.

Lorsque l'action du principe aspirateur se continue, l'air de l'espace ventilé arrive à un état moyen de mélange avec les principes délétères qui se forment sans cesse ; et la quantité de ces principes méphitiques qui restent en moyenne, est représentée par le volume qui s'en développe pendant le temps nécessaire pour évacuer un volume d'air égal à celui qui remplit l'espace ventilé.

En revenant aux expériences de M. Robinet, il en résulterait donc qu'elles seraient peu favorables à l'emploi du tarare, alors même qu'il est perfectionné; aussi, M. Robinet se propose de le remplacer par les soufflets, autre moyen de ventilation déjà exécuté dans le Var par M. Reboul, et employé dans beaucoup de mines en Angleterre.

La ventilation des magnaneries salubres au moyen du tarare, serait donc loin de se produire avec toute l'énergie désirable. Les faits nombreux que nous avons cités dans nos Lettres sur l'Éducation des vers à soie (1), et qui pourraient s'accroître de faits nouveaux, ont prouvé que, dans les dangers imminens, l'ouverture des croisées avait été nécessaire pour arrêter le mal, pour faire disparaître l'état souffrant des vers en renouvelant promptement l'air vicié.

Par la disposition naturelle et ordinaire des croisées, des courans d'air par s'établissent horizontalement et directement dans l'intervalle des tablettes. Dans le jeu de l'appareil, au contraire, les tuyaux d'aspiration étant au plancher supérieur et ceux d'arrivée au plancher inférieur, la circulation d'air s'établit verticalement de bas en haut dans les passages où l'air peut circuler librement et arriver sans circuit et sans obstacle aux gaînes d'aspiration; elle doit très-peu s'établir entre les tablettes où aucune aspiration ne l'appelle, où aucune force ne tend à lui donner la direction horizontale nécessaire.

(1) Paris, Mme Huzard.

Sans doute, dans le mouvement ascensionnel des courans, dans la circulation des personnes de service, dans la manœuvre des délitemens et de l'alimentation, par suite de la tendance que les gaz de même nature ont à se mélanger, et enfin au moyen du jeu continu de l'appareil, l'air des tablettes doit bien se renouveler aussi; mais ce renouvellement est lent, est irrégulier, et il est loin d'être en rapport avec celui qui s'établit dans les passages et surtout avec le renouvellement direct que produit l'ouverture des croisées; aussi, dans tous les rapports, lit-on que, dans les passages des magnaneries salubres, l'air est doux à respirer et presque sans odeur; on voit, en dernier lieu, dans le rapport de M. Gustave Gilly, inséré dans le *Bulletin de la Société du Gard*, que, dans sa magnanerie Darcet, il se trouvait comme dans son salon, et ses vers furent bien portans jusqu'à la sortie du quatrième âge; cependant, à cette époque, ils furent attaqués à la fois par la muscardine, les tripes et les passys; il persista plusieurs jours à ne point admettre d'air extérieur et il en résulta qu'il perdit plus de la moitié de ses vers et que les 12 onces de la magnanerie Darcet, après avoir consommé 15,600 livres de feuilles, donnèrent 48 livres de soie filée, pendant que les 8 onces qui avaient passé leurs derniers âges dans la magnanerie Dandolo, avec une dépense de 13,700 livres de feuilles, en ont donné 51 livres; mais nous devons dire que, malgré ces accidens, M. Gilly préfère encore la magnanerie Darcet à la magnanerie Dandolo.

Nous avons, dans nos Lettres, proposé un moyen de donner à la ventilation la direction horizontale, et de l'établir entre les tablettes; ce moyen porte la ventilation là où le besoin s'en trouve; mais si l'on admet les résultats des expériences Robinet sur la faible énergie d'aspiration du tarare, ce moyen présente l'inconvénient de diminuer encore l'énergie de l'appareil qui, déjà, dans tout son développement, en raison de tous les circuits qu'il fait faire à l'air, retarde beaucoup sa vitesse; il serait toutefois, nous le pensons, très-utilement employé, parce qu'une lente ventilation dans les places qui la demandent est de beaucoup préférable à une ventilation plus rapide dans les parties qui n'en ont pas besoin et presque nulle dans les espaces qui produisent les miasmes; toutefois, ce moyen employé ne devrait pas dispenser de la ventilation directe des croisées dans les momens de grande consommation de feuilles et, par conséquent, de fortes déjections du cinquième âge; toutes les fois encore que les vers paraîtraient fatigués, qu'on ressentira dans l'atelier une pesanteur d'air, qu'on y éprouvera une respiration difficile, symptômes presque infaillibles de l'existence dans l'atelier d'un air malsain, on devra compléter la ventilation par l'ouverture des croisées?

Dandolo, avec ses grandes croisées opposées, ses soupiraux dans les planchers, ses cheminées multipliées et ses feux de flamme, ne demandait pour sa magnanerie modèle que 190 pieds pour faire réussir 120 livres de cocons par once, et il n'avait pas ces délitemens fréquens au moyen des filets qui diminuent de moitié au moins les dangers de l'entassement des vers, d'une ventilation mal faite et des maladies contagieuses : nos magnaneries modèles, en voulant borner la ventilation aux ressources de l'appareil Darcet, avec leurs délitemens faciles et fréquens, demandent encore 350 pieds carrés de tablettes, un espace double de celui de

Dandolo; cela ne viendrait-il point de la ventilation difficile et incomplète à laquelle elles se réduisent?

Maintenant, ne serait-il pas possible en employant le même système, en se servant du tarare pour aspirer l'air, et des réservoirs d'air chaud et d'air froid, pour modifier à son gré la température, d'imprimer à cet air de renouvellement une direction horizontale entre les tablettes qui lui fasse balayer leur surface?

Supposons une magnanerie pourvue, d'ailleurs, de grandes croisées opposées, placées à l'extrémité des tablettes; entre les croisées, et à la hauteur de leur milieu, on établirait des ouvertures qui seraient le point de départ et d'arrivée de la nouvelle ventilation; ces ouvertures dans la magnanerie seraient pourvues, au lieu de croisées, de grands tambours clos en lambris, occupant à-peu-près toute la hauteur de l'appartement; ces tambours formeraient réservoir d'air; et, vis-à-vis le milieu de l'intervalle de chaque tablette, ils seraient percés d'ouvertures horizontales qui seraient le point d'entrée ou de sortie du courant à établir entre chaque tablette.

A l'une des extrémités, en dehors de la magnanerie et au-dessus des croisées, serait établi le tarare ou soufflet aspirateur qu'on ferait communiquer par des tuyaux aux ouvertures de ventilation; à l'autre extrémité, s'introduiraient, avec le même système, l'air chaud ou l'air froid pour modifier la température de la magnanerie.

Ces appareils simples et peu dispendieux de circulation d'air détermineraient immédiatement et sans circuit, au moyen d'un système convenable d'aspiration, des courans horizontaux d'air entre les tablettes; le tarare, s'il manque d'énergie, pourrait se suppléer par des soufflets ou par une cheminée d'appel; la dépense de combustible qu'entraînerait la cheminée, serait, à ce qu'il nous semble, grandement compensée par la main-d'œuvre presque nulle; et, en tout, les frais se trouveraient inférieurs à ceux du tarare ou des soufflets.

Mais tant qu'un pareil moyen n'a pas reçu d'exécution, il n'est, pour ainsi dire, qu'en germe; nous le proposons aux amateurs de l'industrie séricicole comme pouvant être utile dans la construction d'une grande magnanerie. L'un de nos frères, ingénieur en chef des mines, auquel l'idée en est venue, voulait l'essayer dans une petite magnanerie en construction; mais les frais et les soins que nécessite la marche incessante de jour et de nuit du moyen aspirateur, tarare, soufflet ou même cheminée, ne reçoivent pas de suffisantes compensations dans le produit d'une petite éducation; ces frais sont, surtout avec le nouveau moyen que nous proposons, relativement plus considérables que ceux de premier établissement; dans le tarare, la ventilation est faible avec 150 tours et demanderait cependant au moins trois hommes par jour de 24 heures; si on veut lui donner une certaine énergie en le portant à 300 tours, il faut au moins doubler ce nombre; nous ne pensons pas que les frais fussent moindres pour le jeu des soufflets: pour la cheminée, il faudrait, avec le combustible, une personne pendant la nuit, outre les soins du jour pour soutenir la combustion; ces frais, ajoutés aux intérêts des dépenses de première construction et à leur entretien, peuvent être supportés par une grande magnanerie; mais ils seraient une trop lourde charge pour celles au dessous de 5 onces.

### §. II. — APPAREIL VASSEUR, EXPÉRIENCES BEAUREGARD.

L'appareil Vasseur est l'application heureuse d'une idée connue qui promettait de faciliter beaucoup la main-d'œuvre, qui, en déplaçant à volonté toutes les tablettes, les changeait d'air, et, par conséquent, les ventilait; cet appareil, disons-nous, qui avait reçu la médaille d'or de la Société de la Seine n'a point, dans l'application, eu le succès qu'on s'en promettait; la manœuvre n'en est point facile, des tablettes se sont renversées, l'encabanage a offert des difficultés; presque partout enfin il a essuyé des accidens. M. Chossat de St-Sulpice, qui se l'était procuré dans sa magnanerie salubre de Ruffieux, n'en a point été satisfait; diverses modifications qu'on lui a fait subir ne sont point encore parvenues à le rendre d'un emploi facile; nous espérons cependant et surtout nous désirons qu'il puisse sortir des difficultés qu'il éprouve; il serait si commode d'amener chaque tablette à la portée de toutes les tailles pour déliter, donner à manger, encabaner, toutes opérations qui, dans l'état actuel, sont en partie un peu difficiles parce qu'elles doivent être faites trop haut ou trop bas pour les ouvriers qui s'en occupent.

On avait encore annoncé comme l'un des avantages de cet appareil qu'il économisait la place dans les magnaneries; il est cependant certain qu'en raison de sa forme circulaire un grand espace égal au moins au demi-diamètre de l'appareil, reste perdu dans l'intérieur; en outre, l'appareil renferme de moins que les deux rangs parallèles et verticaux de tablettes qui seraient à sa place un nombre de tablettes égal à celui qui se trouve dans son diamètre vertical; enfin ce système exige deux passages perpendiculaires dans la magnanerie, celui nécessaire pour la manœuvre des deux rangs d'appareil qui occupent la magnanerie et celui dont on a besoin pour les diverses opérations de délitemens, et de distribution de nourriture; voilà bien des raisons de perte de place; nous pensons donc qu'alors même qu'on diminuerait de quelques pouces l'espace entre les tablettes, opération qui serait en partie justifiée par la ventilation facilitée, on n'arriverait pas à faire occuper aux vers d'une once de graine, un moindre espace que par le procédé ordinaire.

Une expérience importante et sur une grande échelle va, dans le Midi, fournir de nouvelles données pour l'éducation des vers à soie; un grand propriétaire, M. de Beauregard a fait construire une magnanerie circulaire destinée à élever 200 onces; une tour centrale de six mètres de diamètre sur laquelle sera établi un grand tarare, doit servir de ventilateur pour toute l'étendue de la magnanerie; il remplace ses tablettes par des filets montés sur des cadres, et les descend, pour le service, à l'aide de poulies placées aux quatre angles; il les remet en place lorsque le service est fait; il se dispense des délitemens, parce que ses vers sont placés immédiatement sur les tables filets, et que leurs déjections s'échappent par les mailles; la circulation de l'air se fait de table en table, à travers les filets que ne couvrent qu'imparfaitement les feuilles chargées de vers. Ces tablettes peuvent s'entreposer les unes sur les autres au moyen de leurs cadres en planches ou lambris de onze centimètres de hauteur. L'encabanage se fait au moyen de garnitures de chiendent, dont on borde les tables sous forme de bourrelet, et dans lesquels les vers forment leurs cocons. L'entreprise est grande, les procédés ingénieux; s'ils sont couronnés de succès, M. de Beauregard aura bien mérité de l'art. Nous devons ces détails à M. Robert, dans sa Revue Séricicole; nous espérons qu'il nous tiendra au courant des résultats des expériences de son ingénieux compatriote.

## § III. — Éducation double.

On doit encore à M. Beauvais une méthode nouvelle qui pourra avoir de grands résultats parce qu'elle conduit naturellement à donner plus d'espace aux vers dans leurs derniers âges; elle consiste à faire deux éducations consécutives dans le même appartement, en commençant la seconde quinze jours après la première; les graines sont tenues dans un lieu frais, une glacière ou une cave fraîche, et on met les secondes éclore quinze jours après les premières; on a alors, il est vrai, besoin d'une seconde mais petite magnanerie, d'une étendue d'un 6$^{me}$ de la première, qu'on se procure aisément en disposant pour quinze jours de l'un de ses appartemens qui puisse contenir les seconds vers jusqu'à la sortie de la quatrième mue; à cette époque, on commence à décoconner les tablettes les plus avancées de la grande magnanerie; on y place les plus avancés de la seconde éducation qui, successivement, prend la place de la première; par ce moyen, les vers, dans les derniers âges, ont un espace double de celui qu'ils auraient eu, si l'éducation eût été simultanée. Cette nouvelle méthode, essayée depuis deux ans aux bergeries et introduite à Neuilly, a très-bien réussi; il en résulte encore qu'un tiers des mûriers fournit autant de feuilles que les deux tiers employés pour la première éducation; ce tiers, il est vrai, aura pour se refaire quinze jours de moins de la belle saison; mais on l'emploierait l'année suivante à l'éducation du premier lot, ou ce serait sur lui que se ferait la taille d'hiver, et on ferait passer successivement les mûriers par ces deux conditions. Cette méthode offre encore le grand avantage de distribuer les travaux; en les prolongeant, la grande main-d'œuvre dure vingt jours au lieu de dix, mais il faut moitié moins de bras à la fois, circonstance très-importante, parce que, dans la plupart des pays on en éprouve disette dans le mois de juin, et qu'il est, en général, beaucoup plus facile et moins embarrassant, dans un travail quelconque, d'avoir à réunir, conserver et surveiller dix personnes pendant vingt jours, que vingt pendant dix; enfin, ce procédé offre encore l'avantage, lorsqu'on a beaucoup de mûriers et une petite magnanerie, de pouvoir doubler son éducation sans augmenter ses constructions ni ses difficultés de main-d'œuvre.

On peut encore employer cette méthode alors même qu'on ne pourrait disposer d'un appartement pour petite magnanerie, et pour cela il suffirait de réserver pour la seconde éducation un 6$^{me}$ de l'étendue de la grande, dans lequel on ferait les quatre premiers âges de la seconde éducation; ce 6$^{me}$ se réserverait dans la partie la plus chaude de l'appartement.

## § IV. — FILETS DE FIL.... PAPIERS-FILETS.

L'expérience a confirmé tous les avantages des filets pour l'éducation des vers à soie; ils facilitent éminemment leur classement, circonstance très-importante dans l'éducation; par ce moyen, les mêmes tables se composent toutes de vers de même âge arrivés à la même période de vie; la main-d'œuvre est simplifiée; sur les mêmes tablettes, tout dort ou tout mange : on n'est point obligé de donner sur toutes la nourriture à quelques vers éveillés au milieu des endormis; les malades ne sont point tracassés par les bien portans, ni les bien portans gênés par les malades; et puis on voit les mêmes tablettes se vider et monter à la bruyère toutes en même temps; mais, comme nous l'avons dit ailleurs, les filets offrent encore l'avantage plus grand peut-être de faciliter les délitemens, de diminuer des trois quarts leur main-d'œuvre; ils dispensent de toucher les vers, les débarrassent de leurs déjections, des vers morts, des malades, et de tous les débris qui sont ensemble une source de mal pour les bien portans; peut-être serait-il à propos d'avoir des filets de mailles diverses pour les différens âges : dans les premiers âges, la feuille coupée et les petits vers, pendant le transport des filets, passent à travers les mailles larges de 8 lignes; mais le nombre des filets à petites mailles serait en rapport avec le moindre espace qu'occupent alors les vers; et il n'en faudrait qu'un 6$^{me}$ du nombre ou de la surface des grands ponr servir aux vers jusqu'à la sortie de la troisième mue, parce qu'à cette époque ils n'occupent qu'un 6$^{me}$ de l'espace des vers en matûrité.

M. Eugène Robert de Sainte-Tulle, élève de M. Beauvais, l'un des plus habiles magnaniers du midi, qui pratique avec succès et avec mesure les nouvelles méthodes, qui les enseigne dans ses écrits avec conviction, clarté et précision, a imaginé de remplacer les filets de fil par des filets de papier; ce remplacement est fait par lui dans sa magnanerie depuis plusieurs années; ses succès ont toujours été croissans et ses filets de papier se sont répandus dans un grand nombre de magnaneries du midi; leur prix est modique; on les fabrique à Marseille chez M. Jules Bonnet, rue Sénac, n° 8, à 8 fr. les 400 pieds de surface, au lieu de 40 fr. au moins que coûterait une pareille surface de filets de fil; ils se font avec du papier sans fin qui coûte 65 fr. les 50 kil.; chaque kilogramme fournit de 10 à 12 mètres carrés de filets; ils durent d'ailleurs plusieurs années, et, en cas de muscardine, on peut les faire tremper sans inconvénient à la lessive de sulfate de cuivre de M. Bérard; on en fait à plus petits trous pour les premiers âges; ces trous se font avec des emporte-pièces qu'on faisait d'abord avec des morceaux de canons de fusil aiguisés, mais que les couteliers font maintenant avec des tubes coniques aciérés; cette forme facilite le dégagement du papier enlevé; on perce, à l'aide d'un maillet, 24 trous à la fois, et moins d'une heure suffit pour le papier d'une once de vers.

Le bon marché de ces nouveaux filets a engagé M. Robert à faire des filets spéciaux pour placer entre les rangs d'encabanage, en sorte qu'on peut déliter les vers au moment de la montée et sortir cette masse de déjections dont ils se vident et qui est souvent la cause de graves maladies.

Il y a, si nous ne nous trompons, dans cette invention peu importante au premier coup-d'œil, un moyen remarquable de succès; le bas prix de ces filets de papier lève l'obstacle qu'éprouvait l'introduction des filets de fil, et le délitement des vers à la bruyère est un moyen de santé que les filets anciens de fil ne permettaient pas de prendre.

Les emporte-pièces ont 2 centimètres de diamètre; les

trous se font en lignes parallèles, en quinconce, à 1 centimètre les uns des autres.

Le papier doit être assez fort et assez collé pour pouvoir résister à l'humidité qu'amène nécessairement le séjour momentané des vers et de leurs déjections.

Ces filets de papier ont la largeur des tables; M. Robert leur donne dans un sens 80 à 90 centimètres, largeur des tablettes, sur 40 à 50 dans l'autre. Leur service se fait, ou avec des baguettes passées dans des gaînes qu'on a ménagées sur leur largeur, ou mieux encore à l'aide de petites planchettes sans rebord, un peu plus larges que les filets; sur ces planchettes on transporte les filets chargés de vers qu'on remet ensuite en place sans même y porter la main, en faisant glisser le papier-filet sur les tablettes : leur service est donc encore plus expéditif que celui des filets de fil, et, en raison de l'intervalle qui existe entre les trous, ils sont plus propres qu'eux à tous les âges sans changer le diamètre des trous; cependant, il serait peut-être plus convenable d'avoir un petit emporte-pièce d'un centimètre de diamètre pour des filets de premiers âges.

Le succès a accompagné sur tous les points où on les a essayés les filets de papier, et il est à croire qu'ils seront admis à remplacer les filets de fil, et que leur bas prix les fera adopter partout où celui des derniers empêchait leur adoption.

## § V. — MUSCARDINE. — MALADIES CONTAGIEUSES DES VERS.

Déjà les délitemens fréquens des filets avaient beaucoup diminué les dangers de la muscardine et de toutes les maladies des vers; par ce moyen, on jetait les malades avant que la maladie ne fût devenue contagieuse; mais il paraît qu'on aurait l'espoir d'avoir trouvé en quelque sorte un spécifique; des aspersions de chaux en poudre sur les vers, dès leurs premiers âges, sèchent la litière, empêchent la moisissure, et détruisent le germe du champignon de la muscardine, comme ils détruisent celui de la carie des blés: la chaux empêche la muscardine de naître et, lorsqu'elle est née, elle en détruit les principes et arrête leur contagion; ce procédé, imaginé par M. Blancard à Loriol, dès 1782, a défendu pendant de longues années ses vers de toute maladie; il chaulait, à la veille de chaque mue, pendant la frèze et à la montée; plus tard, M. l'abbé Eysseric, à Carpentras, pendant plus de vingt ans, a assuré ses récoltes de soie en saupoudrant ses vers de chaux vive en poudre avec un tamis; *la chaux*, nous dit M. Raspail qui cite ce fait dont il a été souvent témoin, *communique aux vers de l'appétit et les préserve de tout miasme contagieux.*

Depuis dix ans, M. Gaudibert-Barret, du même pays, emploie aussi ce procédé avec le plus grand succès; son but, avant la découverte du champignon de la muscardine, était d'absorber l'humidité de la litière et l'acide carbonique de l'atmosphère des vers; mais depuis la découverte du docteur Bassi, l'analogie lui a prouvé que l'effet particulier dans la muscardine devait être attribué à l'extinction du germe du champignon comme dans la carie des blés.

M. Gaudibert, depuis qu'il emploie ce procédé, n'a *pas vu un seul muscardin dans son atelier, au milieu de voisins souvent infestés.*

M. Faure-Biguet, qui avait perdu sa récolte en 1838

malgré les soins de désinfection et les lavages conseillés par MM. Bassi et Bérard, vit encore, avec ces mêmes précautions prises, la muscardine éclater dans son atelier en 1839; il se hâta de prendre des renseignemens de M. Gaudibert, chaula ses vers depuis le quatrième âge, vit disparaître par ce moyen toute muscardine et, en continuant son chaulage jusqu'à la montée, *il a obtenu le plus beau résultat qu'il ait jamais eu tant pour la quantité que pour la qualité des cocons.*

Ces divers faits ont engagé MM. Deveau et de Robiac, dans le Gard, à recourir aux mêmes moyens, et ils en ont obtenu les mêmes résultats.

M. Amans-Carrier annonce, dans son *Propagateur*, d'après M. Voisin-Lavernière, président de la Société séricicole de Lavaur, que le chaulage y a réussi en 1839 dans la magnanerie-modèle; dans le même département, M. de Rivals-Boussac a arrêté la contagion et rendu la vigueur à ses vers par le moyen de la chaux concassée, placée sous le papier de ses tablettes; d'autres ateliers ont, à la même époque, arrêté de même la contagion déclarée aux troisième et quatrième âges; tous ces faits sont nombreux, univoques, et paraissent concluans.

Les vers même, à ce qu'il semble, ne sont en aucune manière incommodés de ces aspersions de chaux; on en *consomme jusqu'à* 20 *à* 25 *kil. par once de graine, et les vers ne semblent que plus vifs et mieux portans.*

Il serait rationnel de penser qu'en détruisant le germe de la muscardine, la chaux aurait aussi la faculté d'arrêter ou de diminuer du moins les ravages des autres maladies des vers; ces maladies, à une certaine période, et lorsque surtout elles sévissent avec intensité, deviennent contagieuses. Le principe de la chaux est essentiellement assainissant; l'expérience prouve qu'il neutralise la plupart des miasmes contagieux; ainsi le docteur Pariset a éprouvé que son action détruit le miasme de la peste d'Orient : enfin, dans ce cas particulier, la chaux détruit spontanément et efficacement, dans la litière, l'humidité putride qui provoque cette moisissure blanche, première et peut-être seule origine de la muscardine.

L'une des objections qu'ont faites les Méridionaux à ce procédé, c'est qu'ils craignaient que leur litière ne pût être mangée sans danger par les animaux; cependant l'expérience leur a prouvé que leurs porcs la mangeaient avec la même avidité et le même profit; la chaux, par ses combinaisons avec les déjections des vers, perd sa causticité et, par cette raison, disparaît le mauvais effet qu'elle pourrait produire sur les organes : c'est donc là un procédé dont il faut multiplier les essais; il faut s'assurer jusqu'à quel point cette substance serait restauratrice et conservatrice de la santé des vers; nous recommandons à tous les éducateurs d'y avoir recours dans les magnaneries à l'apparition de l'une quelconque des maladies des vers à soie. Si cet essai a lieu sur un grand nombre de points, l'expérience d'une seule année pourrait lever tous les doutes qui, naturellement, doivent naître sur un si grand résultat obtenu si promptement, si facilement, et par un moyen très-anciennement connu; car il semble au premier aperçu que ce moyen aurait dû naturellement, et depuis long-temps, être partout admis si son succès eût été aussi assuré que semblent le prouver tous les renseignemens qui précèdent.

—

## § VI. — ÉDUCATION MULTIPLE.

Les vers *trevoltini* de Pistoye ont eu généralement peu de succès; les cocons de la première éducation ont été passables et les œufs qu'ils ont produits ne sont éclos qu'en partie; la seconde éducation du petit nombre de vers éclos a été lente et difficile. Ce petit nombre nous a empêché, dans l'essai que nous en avons fait, de les soigner d'une manière spéciale; alors leur éducation s'est prolongée indéfiniment et un très-petit nombre de leurs cocons a donné de la graine; d'ailleurs, là où ils ont reçu plus de soin, leur succès n'a pas été non plus encourageant. La première éducation cependant, chez MM. Beauvais et Aubert, avait donné de bons et beaux cocons qui ont été distingués à l'exposition.

Les éducateurs de Pistoye, dans la crainte de se créer des concurrens, ne nous ont peut-être pas donné de bonne graine. Mais si M. Bonnafous a été bien servi et que, ce qui est peu probable, la race qui réussit à Pistoye ne puisse réussir en France, il est à croire que celles qu'on tirera de Chine donneront de meilleurs résultats; dans ce pays les éducations d'automne ont lieu au Nord comme au Midi, elles y donnent beaucoup de soie; nous devons donc espérer le même succès qu'eux en essayant leurs diverses races.

Les éducations d'automne devraient être, à ce qu'il semble, l'éducation principale des pays du Nord, parce qu'en dépouillant les mûriers à la fin de la saison, on arrête leur pousse sans leur nuire, et on force le bois de s'aoûter pour la rude saison d'hiver; et puis la feuille, à cette époque, est trois ou quatre fois plus abondante qu'on ne l'eût trouvée au printemps sur les mêmes mûriers; il y a là de bien grands avantages qui doivent engager à étudier beaucoup cette question et à multiplier nos extractions de Chine jusqu'à ce que nous soyons arrivés à une variété d'éducation automnale qui convienne à notre climat.

Ces éducations ont lieu, à ce qu'il semble, en Chine, dans toutes les provinces qui produisent la soie; et il est à croire que c'est à elles plus spécialement que ce pays doit le bas prix de cette matière première qui descend quelquefois au-dessous de 9 fr. la livre; on conçoit que les mûriers ayant à l'automne deux ou trois fois plus pesant de feuilles qu'au moment où on les recueille au printemps pour les donner aux vers, la quantité de soie produite par le même terrain doit être deux à trois fois plus considérable.

Les résultats obtenus par M. de Gasparin (Auguste), ceux publiés par le docteur Maurin, ont établi que ces éducations peuvent réussir même avec la feuille durcie d'automne; mais le mûrier multicaule nous semble, comme nous l'avons dit précédemment dans nos Lettres, spécialement convenable pour cet emploi; pour cela, il doit être, comme en Chine, récépé ras terre en automne, pour le défendre du froid de l'hiver. L'automne suivant, ses repousses sont pleines de vigueur et chargées de feuilles grandes et nombreuses à diverses périodes de croissance. Leurs extrémités donnent les feuilles tendres pour les premiers âges, et le corps des bourgeons les feuilles des derniers; les expériences et les remarques de M. Bouton de Châteaudun sur ce sujet, dans les Annales séricicoles, sont pleines de justesse et nous semblent parfaitement applicables.

—

## § VII. — VARIÉTÉS DE VERS A SOIE.

M. Hébert a envoyé, à diverses reprises, des œufs d'un assez grand nombre de variétés; ceux qu'il avait envoyés de Manille avaient donné des variétés nombreuses toutes mélangées. Il eût été grandement à désirer qu'on les eût séparément éprouvées et pendant plusieurs années. L'importation des espèces animales et végétales de leur climat originaire dans des climats différens, amène des circonstances et des anomalies qui empêchent de juger ces extractions d'une manière rationnelle au bout de la première ou même des premières années; il leur faut une espèce d'acclimatation, de laquelle peuvent résulter des améliorations presque aussi bien que des détériorations; mais la patience nous manque, à nous, Français; et puis il faudrait qu'en remettant ces graines aux grands établissemens spéciaux, on leur fît la recommandation expresse de continuer les essais et d'en rendre un compte motivé pendant plusieurs années. Les premiers essais qui ont été faits avec les œufs de M. Hébert, envoyés de Manille, et qui n'ont pas donné de résultats immédiats, pourraient faire penser que nos variétés valent celles de Chine; ce serait là une opinion que nous croyons tout-à-fait fausse; il est impossible que la Chine qui produit à si bon marché la soie dans tous les degrés de finesse et de beauté qu'on peut imaginer, qui travaille depuis quatre mille ans à perfectionner cette production, et qui distingue plus d'une centaine, peut-être, de variétés de vers de différentes saisons, grosseur, produit, ne soit pas arrivée à quelque chose de mieux que ce que nous avons, nous qui travaillons sur une ou deux extractions peut-être, que nous avons tirées de chez eux. Malheureusement pour eux, leur avidité et leur mauvaise foi mélangent et sophistiquent leur soie ; leurs fabricans s'en tirent, mais les nôtres n'ont presque aucun avantage à l'avoir à bon marché, par suite de son mélange et de toutes les fraudes dont ils accompagnent leurs expéditions.

Nos nouvelles méthodes actuelles d'éducation de vers sont un emprunt que nous leur avons fait ; nous les acceptons donc là dedans pour nos maîtres ; à plus forte raison devons-nous penser que le choix et l'étude dans leurs nombreuses variétés de vers, devront nous donner des résultats plus avantageux que ceux que nous tirons du petit nombre de variétés que nous devons au hasard de nos premières extractions (1).

D'ailleurs, il est d'expérience bien certaine que les voyages modifient la graine de vers à soie, et s'opposent généralement à la réussite des premiers vers qu'on en obtient. Ainsi, M. Beauvais n'a tiré aucun bon résultat de la première éducation d'une excellente variété de vers à cocons blancs que son propriétaire lui a apportée du pied du Caucase, siége de son établissement. Ainsi encore, les graines venues de Manille, celle des *trevoltini*, ont mal réussi la première année de leur extraction. Un premier insuccès ne peut donc en aucune manière

(1) Un échantillon de graines de vers de trois mues qui, l'année dernière, a fini son éducation en 16 jours chez M. Beauvais, et qui provient des envois de M. Hébert, nous a été envoyé ces jours derniers, sous le couvert du ministère, en nous recommandant d'en rendre un compte annuel pendant trois ans au moins ; ces précautions prises doivent nous faire penser que, les variétés de mûriers et de vers qu'a envoyés M. Hébert, seront étudiées avec soin avant d'être jugées ; et nous devons espérer que quoiqu'elles proviennent des parties méridionales de la Chine, nous pourrons en tirer d'utiles résultats.

faire présumer des résultats définitifs, et nous devons nous défendre de la première pensée naturelle qui nous survient après l'essai manqué, que l'insuccès doit être attribué à la différence du climat.

## § VIII. — ÉDUCATION HATÉE.

Cette partie du nouveau système offre l'avantage d'une moindre consommation de feuilles, d'un produit plus promptement réalisé, d'une moindre dépense de temps et de main-d'œuvre, et de risques moins longs à courir; mais, d'autre part, elle ne l'obtient qu'à l'aide de repas plus multipliés, et d'une plus haute température. La première condition ne présente que des avantages, sans doute, pour les vers; mais lorsque les nuits doivent être passées, il faut, en quelque sorte, un double service. d'où résulte plus de frais et un travail sans surveillance, Nous regardons donc comme exagérées les prescriptions chinoises des 48 repas diminuant successivement; il semblerait qu'une douzaine de repas, les premiers jours, dans lesquels on prendrait trois ou quatre heures de repos pour la nuit, devrait suffire pour se réduire successivement à huit, qui laisseraient cinq heures de repos au service; c'est là la marche qu'ont adoptée ceux même qui suivent les nouvelles méthodes et que recommandent les succès de M. Robert.

Quant à la température, il n'y a pas d'inconvénient à l'admettre un peu élevée dans les premiers jours; cependant M. Beauvais ne l'élève guère actuellement au-dessus de 22 degrés; M. Robert croit devoir se contenter de 20 à 21, en la laissant descendre de 1 à 2 degrés pendant la nuit, modification que nous croyons utile, parce qu'elle rapproche les vers de l'état de nature; dans les derniers âges, une haute température augmente beaucoup, comme nous l'avons exprimé dans nos Lettres, les chances de maladie; elle presse le ver à la montée; hâte trop sa maturité; ces faits d'expérience ancienne nous ramènent aux anciennes traditions admises d'ailleurs par tous les praticiens, que la température doit être affaiblie pour les derniers âges. M. Robert l'abbaisse de deux degrés; par cette modification, son éducatiou s'étend à 28 jours, au lieu d'être achevée en 25; mais on a couru moins de chances, on a eu moins de main-d'œuvre à la fois et on obtient des cocons plus lourds. Dandolo abaissait à 17 degrés la température de ses ateliers au dernier âge; mais ses éducations se prolongeaient de 30 à 35 jours.

## § IX. — TABLETTES, ENCABANAGES, TAMIS.

Les planches et les lambris sont toujours le moyen le moins sain et le plus généralement employé de placer les vers à soie; il y a évidemment avantage à le changer. M. Beauvais a conservé ses clayonnages; une partie du midi continue de se servir de ses claies de roseau. M. Peysson se loue de ses toiles, et nous, dans nos essais, nous trouvons leur emploi facile; mais elles ont l'inconvénient de faire poche et de cantonner, par ce moyen, les vers dans les derniers âges. M. Robinet continue de se louer de ses toiles canevas et de leur système d'enroulement. Ceux qui emploient les châssis de fil de fer y trouvent un moyen d'aération facile qui tient la litière plus sèche sous les vers; si ce n'était l'inconvénient de l'oxidation, les treillis de fer remplaceraient avec avantage, sans plus de frais, les filets de fil pour tablettes de M. de Beauregard, dont la durée ne peut être longue, et qui ne pouvant rester assez tendus donnent lieu à des accumulations de vers; on a essayé ailleurs, et M. Carrier entr'autres, de faire des claies avec des cadres de sapin recouverts de lattes minces qui laissent entr'elles un espace de trois lignes; il y a dans ce système convenance et économie, surtout si on partage les claies en châssis mobiles de six à huit pieds de long.

Les liteaux Beauvais porteurs de brins de bouleaux ou de paille de colzat sont encore ce qui convient le mieux pour les encabanages; ils sont simples, faciles à placer, se conservent d'une année à l'autre, et leur grand avantage, surtout, est d'occuper peu de place sur les claies et de permettre encore un peu d'aération dans le moment difficile où les vers à soie se vident et peuvent être facilement arrêtés par les maladies. Il serait toutefois à desirer qu'ils pussent être modifiés de manière à laisser un accès plus complet à la ventilation.

Les tamis, pour donner à manger, continuent d'être trouvés commodes et expéditifs. M. Beauvais les a perfectionnés en y ajoutant un treillage inférieur à mailles plus serrées; mais on n'a point encore d'appareil simple et peu dispendieux pour couper promptement la feuille des premiers âges.

## § X. — VARIÉTÉS DE MURIERS.

De même que les soins et les recherches des Chinois leur ont fait trouver de nombreuses variétés de vers, de même aussi sont-ils arrivés à multiplier les bonnes espèces de mûriers pour les nourrir. Déjà nous avons vu le multicaule, excellente variété de la Chine méridionale, qui, dans nos rudes climats est devenu la proie de nos hivers; mais alors même qu'il ne convient, pour rester exposé à nos influences atmosphériques, qu'à quelques parties privilégiées de la France, nous venons de voir qu'on l'emploiera avec avantage pour les éducations d'automne; et puis ses hybrides ou même le semis de ses graines non croisées, nous ont déjà donné des variétés moins sensibles au froid et qui se multiplient presque également de bouture.

MM. Audibert à Tarascon, Séneclauze à Bourg Argental, Hénon à la pépinière de naturalisation à Lyon, ont semé les graines de multicaule fécondées au milieu de variétés indigènes, et ils en ont obtenu un grand nombre, presque toutes à larges feuilles, quelques-unes analogues au type, mais d'autres et en plus grand nombre, qui s'en écartent beaucoup; chacune de ces variétés a néanmoins conservé plus ou moins une partie des propriétés de son type; il en est qui se bouturent comme lui, d'autres aussi qui ne craignent pas la gelée. M. Audibert spécialement en a créé plusieurs centaines, et sous le nom de mûrier hybride, il en répand une bouturable qui craint peu la gelée et qui donne de belles feuilles. M. Soulange-Bodin l'a multipliée par milliers; nous avons vu ces variétés en expérience à Neuilly; aux Bergeries chez M. Beauvais; à Ris chez M. Bourdon: le problème dont nous avons demandé instamment la solution serait donc près d'être résolu; notre économie séricicole serait dotée, à ce qu'il semble, d'une ou plusieurs variétés à larges feuilles, bouturables et non gelables; cependant nous avons généralement remarqué que les boutures reprenaient d'autant plus facilement que le bois était plus spongieux, et par ce motif plus sujet à la gelée.

Mais ce n'est là qu'un premier pas; d'autres sont faits

qui annoncent encore de plus grands progrès. M. Beauvais a semé des graines venues de Chine, qui lui ont donné des individus tout francs, la plupart bouturables et qui craignent peu la gelée; il croit avoir obtenu parmi ces variétés le mûrier Lou, qui jouit de la plus grande faveur en Chine. Déjà nous avons vu plus de vingt mille sujets de ces variétés qui remplissent des pépinières; nous proposons aux amateurs de l'industrie séricicole de donner le nom de mûrier Beauvais à celle d'entre toutes ces variétés qui réunira à la fois l'avantage de donner des feuilles abondantes et soyeuses, de ne pas craindre la gelée et de reprendre de bouture.

Nous avons aussi réuni de notre côté, mais sans les distinguer, une partie des variétés obtenues à Tarascon, à Bourg-Argental et à Lyon; il en est plusieurs qui portent des feuilles qui offrent plus de poids, de surface, de consistance et de rapprochement que celles des multicaules, mais dont les boutures ne reprennent qu'avec quelque difficulté; nous choisirons parmi elles, pour les propager, celles qui réuniront le plus de qualités.

D'autre part, un très-petit nombre de graines de Chine que nous avons semées, et qui nous viennent de M. Camille Beauvais, nous ont donné deux mûriers à feuilles larges et entières; leurs graines appartiennent sans doute à une variété qui se reproduit franche par le semis; la plupart des graines venues de Chine jouissent, nous le pensons, de la faculté de se reproduire franches; le mûrier Moreti trouverait donc de puissans concurrens dans ces hybrides et ces extractions de Chine.

Mais ce n'est pas là tous les élémens de cette question; M. Hébert a envoyé en France, à diverses reprises, des graines et des individus provenant des meilleures variétés de la Chine méridionale ; il y aura là encore beaucoup à choisir ; notre économie séricicole est donc, en ce point important, sur la voie de très-grands progrès, dont les chances se multiplieraient encore si nous pouvions réussir à avoir des variétés et des graines issues des provinces nord de ce pays.

§ XI. — CONDUITE ET TAILLE DE MURIERS.

Les avis sont très-partagés et les pratiques fort diverses sur la marche à suivre pour élever et former les jeunes arbres ; on est bien généralement d'avis que les mûriers doivent être évidés dans le milieu, et que leurs branches doivent recevoir une direction oblique qui leur donne la forme de vase ou de gobelet ; pour arriver à cette forme, les uns taillent très-long et d'autres très-court ; ceux qui taillent long arrivent promptement à donner à leurs arbres la forme qu'ils se proposent ; mais les membres sur lesquels ils élèvent leurs mûriers sont faibles, et ne peuvent pas porter immédiatement les cueilleurs de feuilles.

D'autre part, ceux qui taillent court élèvent leurs arbres avec des membres plus forts dans leur base, mais formés de nodosités qui arrêtent la sève, forment des plaies, diminuent beaucoup la vigueur et retardent la croissance de leurs arbres ; cependant, c'est cette taille qui a généralement prévalu dans la pratique ; son admission dans une partie des pays anciens cultivateurs de mûriers, serait un grand préjugé en sa faveur ; si on ajoute que MM. Camille Beauvais aux Bergeries, Aubert à Neuilly, Deshons à Gauges, et Narbonne Lara, montent aussi leurs branches d'étage en étage de 2 à 6 pouces au plus, la taille courte se trouvera appuyée de bien grandes autorités; mais, d'autre part, Sauvage à qui il faut souvent revenir pour les meilleures méthodes pratiques, allonge ses tailles successives d'un pied et plus. Rozier laisse pousser les branches de la seconde année à volonté pour former la tête de l'arbre. Le comte Verri qui a recueilli les meilleures méthodes d'Italie, semble adopter une taille longue. M. Freyssinet de Sauves, auteur du Guide du Magnanier, établit ses bifurcations de 15 à 18 pouces, suivant la force de ses branches. M. Boyer, du Gard, homme spécial et pratique, pense que la taille qui consiste à arrêter chaque année, à deux ou trois yeux, les branches du mûrier, est désastreuse pour la durée, la santé et le rapport de l'arbre; que les mères-branches noueuses et affaiblies sont cassantes et amènent des accidens; en conséquence, au printemps de la seconde année, il laisse entiers, sans les arrêter, les deux ou trois bourgeons qu'il choisit pour mères-branches; au printemps de la troisième, il les rabat suivant leur force sur un bourgeon latéral qui continue l'évasement et qu'il laisse encore dans toute sa longueur; en mai, il enlève, sur un quart ou un tiers de leur longueur, à partir de leur naissance, les bourgeons poussés, pour faire porter la sève à ceux des extrémités; il enlève ceux des autres bourgeons qui font confusion et ébourgeonne en mai comme l'année précédente; la quatrième année, il rabat son second bourgeon, qui continue la charpente de l'arbre, sur un bourgeon inférieur qu'il laisse encore entier; la cinquième année, il taille pour recueillir des feuilles l'année suivante; et pour cela il donne à ses arbres la taille de l'arbre fait en rabattant ses bourgeons à deux ou trois pouces de leur insertion, pour amener l'arbre à donner des bourgeons vigoureux porteurs l'année d'après de feuilles abondantes et à se renforcer dans les branches qu'il a formées. M. Boyer pratique sa méthode. Il l'a appliquée à des arbres nombreux qu'on voit, d'après le rapport de M. Robinet, s'élever grands et vigoureux à côté des arbres contenus et affaiblis par la taille ordinaire.

Les Annales séricicoles nomment encore MM. Michel de Saint-Maurice, Pons-Saint-Martin, Baboye Villeneuve, dans la Drôme, comme partisans de la longue taille; mais elle n'est nulle part aussi puissamment appuyée que par M. Jaubert de Passa, qui a multiplié sur ce sujet les expériences et qui a obtenu de la taille longue des sujets plus forts, plus vigoureux, mieux formés et surtout plus productifs de feuilles que de la taille courte; depuis vingt ans, ces arbres, élevés par les deux procédés, sont en regard les uns des autres, et la forme, la vigueur et le produit, se prononcent en faveur des arbres élevés par une taille longue; il ne se borne pas à établir des bourgeons en dehors de l'arbre pour former le gobelet; il cherche encore à étendre son mûrier, à épaissir en quelque sorte les parois de son vase et à se donner des bourgeons en dedans et en dehors de l'arbre, qui alternent avec ceux qui constituent la forme évasée; par ce moyen, son arbre, en conservant sa forme, prend une certaine épaisseur plus productive de feuilles : le mémoire de M. Jaubert est court, mais il est plein d'idées précises et justes et il laisse peu douter qu'il n'ait trouvé une meilleure et plus convenable méthode de taille pour son climat.

Il a paru encore, depuis peu, un écrit fort remarquable sur ce sujet; M. Adrien Séneclause, son auteur, pose un système nouveau; praticien habile, né au milieu des magnaneries et des mûriers, il parle d'après son expérience, et on ne doit pas douter qu'il n'ait vu très bien réussir la méthode qu'il propose; il laisse croître deux ans les jeunes bourgeons nés après la plantation; à la troisième année, il les rabat à une longueur de 15 à 20 centimètres, et borne à cela et à des ébourgeonnemens et émondages annuels tout le soin qu'il prend pour élever ses mûriers qu'il cueille ensuite à la sixième année.

Quant à nous, nous dirons que, sans avoir de conviction tout-à-fait absolue sur ce point, nous sommes disposé à penser que la taille annuelle à deux ou trois yeux ne forme que trop tardivement les arbres; que la sève, circulant mal par les membres noueux, s'oppose à la vigueur du sujet; que les bifurcations qu'elle fait naître sont trop rapprochées; qu'elle diminue beaucoup le grossissement des arbres en les privant sur presque toute la longueur de leurs branches de bourgeons qui, au printemps, se fussent garnis de feuilles, puissans organes de croissance; que dans la taille courte les feuilles ne sont nombreuses qu'à la fin de la saison, et que la pousse tardive et vigoureuse du petit nombre de bourgeons auxquels on a permis de croître les expose aux atteintes de l'hiver, pendant que dans la taille longue les bourgeons se trouvent aoûtés; que, par tous ces motifs, une taille plus longue serait préférable; que, bien que les membres des arbres taillés long paraissent faibles les premières années, en raison de leur étendue, lorsqu'ils sont arrivés à l'époque où ceux taillés court formeront la charpente de l'arbre, ils auront alors au moins autant de diamètre, mais plus de vigueur effective qu'eux.

Nous n'assignerons pas de longueur précise à cette

taille; nous pensons qu'elle doit être proportionnée à la vigueur de l'arbre; courte dans les arbres faibles et plus longue dans les arbres vigoureux.

Cette taille se ferait entre le fort et le faible des bourgeons, c'est-à-dire à peu-près dans le milieu de leur longueur; les plus forts cependant se tailleraient plus courts que ce milieu, et les plus faibles plus longs, afin de faire naître les bifurcations à la même hauteur et d'accroître en même temps la force des faibles et de diminuer celle des plus forts. On voit que nous admettrions ici le système de Dalbret, qui pense contrairement aux opinions plus anciennes, qu'une branche saine et vigoureuse devient dans la saison plus forte, en la laissant entière ou presque entière, que si on la taillait court. Cependant nous ne pensons pas que ce système doive s'admettre pour les arbres faibles; une taille courte leur rendra plus tôt la vigueur qu'une taille longue; mais dans un arbre vigoureux, la vigueur se portera naturellement aux branches faibles taillées long, auxquelles on laisse de grands moyens de pousser les feuilles, aspiratrices de sève et de nourriture.

Il nous semble encore que la taille longue offre l'avantage de donner, au bout de la sixième année, à l'arbre toute sa forme et tout son dévelopement; on le fait arriver en six ans à la hauteur à laquelle il doit être maintenu, dans la suite, pour le conserver en vigueur; la taille courte au contraire élève, dans cet espace de temps ses bifurcations à 2 ou 3 pieds au plus; et il faut dans les années successives, qui sont des années de récoltes, lui donner la forme et la hauteur à laquelle il doit atteindre, l'élever de 6 à 8 pieds de plus, et par conséquent en allonger la taille, chaque année, pendant l'espace de 6 à 8 ans; or, pendant ce temps, pour pouvoir élever convenablement son arbre, il faut beaucoup le ménager à la cueillette qui détruit les bourgeons sur lesquels on veut le former.

Mais si l'on n'est point d'accord sur la manière d'élever les jeunes arbres, il nous semble qu'on peut s'entendre plus facilement sur la taille du mûrier adulte; le but évident et convenu par tous est bien de faciliter la cueillette et d'entretenir la vigueur de l'arbre, afin qu'il produise un grand nombre de feuilles. M. Auguste de Gasparin croit pouvoir arriver à ce but en se dispensant de toute taille, et il cite pour exemple ces mûriers séculaires qui, dans le Midi, se sont élevés sans la taille et continuent sans elle de donner d'immenses produits; nous pensons avec lui que la taille s'oppose effectivement au grand développement du mûrier, qu'elle peut même abréger sa vie, le rend sujet à plus de maladies; que dans un climat méridional, dans un excellent sol fumé souvent et abondamment, on peut entretenir la vigueur de ses arbres alors même qu'on les dépouille annuellement; mais dans nos climats, dans des sols médiocres et avec les soins ordinaires qu'on donne aux mûriers, ils repoussent après la cueillette des bourgeons de 10 à 20 cent. qui deviennent l'année suivante après l'effeuillaison porteurs d'autres bourgeons plus courts encore, et successivement l'arbre se composerait de bifurcations, de brindilles qui l'hérissent et l'épuisent, lui donnent une multitude de feuilles maigres, petites et presque *incueillables*; nous persistons donc à croire la taille absolument nécessaire dans nos pays et même dans les climats chauds à moins de cas exceptionnels.

Mais cette taille se fera-t-elle après la cueillette dans

le repos de la sève, ou au printemps avant son mouvement; depuis nos Lettres la taille d'hiver a fait jusque dans le Midi un grand nombre de prosélytes; la taille après la cueillette n'a point trouvé de défenseurs dans nos climats et la plupart des méridionaux qui ont écrit sur ce sujet, admettent aussi que cette taille en ménageant les arbres augmente la vigueur et accroît plutôt qu'elle ne diminue les produits en feuilles ; on admet généralement dans les départemens de la Drôme et de Vaucluse que la taille d'hiver est le moyen le plus sûr de rendre la vigueur aux arbres épuisés par les effeuillaisons et les tailles annuelles; en Italie, climat plus méridional que le nôtre, la taille d'hiver est plus généralement employée que la taille d'été; elle a lieu entr'autres tous les quatre ans dans le pays qu'habitait Dandolo.

Dans des mûriers soignés et qu'on fume l'année de la taille, nous pensons qu'il y aurait à gagner à ne tailler que tous les trois ans; la vigueur sans confusion, but principal de la taille, peut bien se maintenir sur un arbre pendant trois ans; on cueille donc chaque année les 2/3 de ses mûriers en cueillant les premiers ceux taillés l'année précédente, et les derniers ceux qui doivent être taillés l'année d'après.

Pour préciser plus nettement notre pensée sur cette question, il nous semble qu'il résulte de la pratique, du succès des climats méridionaux et de l'avis des hommes habiles du pays, que toutes les fois que le climat permet que la cueillette et la taille soient achevées dans le courant de mai, la taille de l'hiver et le repos ne seraient point nécessaires sur des mûriers vigoureux; la pousse commence à peine dans le Nord quand déjà la taille est faite dans le Midi; il reste donc au mûrier pour se refaire une saison dans laquelle la chaleur et la végétation se prolongent six semaines plus tard que dans le Nord; et puis dans le cours de cette saison, le Midi verse sur ses végétaux une masse de chaleur et de lumière presque double de celle du Nord; le mûrier a donc pour se refaire, après avoir été cueilli dans le Midi, une saison plus longue que la saison ordinaire du Nord; les repousses après la taille d'été peuvent donc encore aussi bien s'y aoûter que dans le Nord dans l'année même du repos après la taille d'hiver: c'est là le grand avantage du climat; mais néanmoins toujours encore reste t-il avéré que dans le Midi même, une année de taille et de repos rétablit la vigueur des arbres affaiblis et par conséquent augmente la masse de récoltes pour les années suivantes.

Mais cette taille, quand on a décidé son époque, comment se fera-t-elle? il nous semble qu'il y a des principes sur lesquels on doit être tous d'accord, et nous pensons qu'en les employant pour guides, on ne s'égarera pas.

Le premier serait d'abord que les procédés de la taille du mûrier doivent être l'inverse de celle des arbres fruitiers; dans ces derniers on cherche souvent à amoindrir la vigueur pour faire donner du fruit; on retranche les fortes branches à bois pour faire porter la sève sur celles de grosseur médiocre; on favorise la naissance et la végétation des dards, des lambourdes, des bourses à fruits, de ces petites branches perpendiculaires aux branches principales et essentiellement productrices de fruits; dans le mûrier au contraire on doit favoriser la naissance et la végétation des fortes branches à bois; on retranche toutes les plus faibles de ces branches perpendiculaires où la sève s'arrête pour produire du fruit et qui embarrassent la cueillette ; à leur place et en taillant les meilleures au-dessus du bourrelet de leur insertion on fait naître des branches à bois porteuses de feuilles ; on taille en général sur les branches vigoureuses où abonde la sève pour leur faire repousser de bons et de vigoureux bourgeons ; lorsqu'une fois l'arbre a pris son développement on l'élève peu, et il faut qu'au moyen d'une direction bien entendue, il se maintienne garni et producteur de feuilles dans toute son étendue ; c'est dans les parties inférieures qu'il faut surtout ménager et entretenir la vigueur ; elle s'entretient assez facilement dans les parties supérieures, mais dans le bas de l'arbre elle s'affaiblit à moins de beaucoup de précautions.

Et puis la taille doit beaucoup varier suivant la saison, suivant qu'on la fait après la cueillette ou au printemps ; après la cueillette il faut la faire sur le jeune bois, c'est-à-dire sur celui de l'année précédente, parce que sur le vieux la saison tardive ne permettrait pas aux bourgeons de repousser.

Avec la taille d'hiver bisannuelle ou trisannuelle, il est nécessaire de se rapprocher des tailles précédentes et de tailler sur le vieux bois, parce qu'autrement l'arbre s'élèverait indéfiniment ; d'ailleurs ici il y a une saison entière pour reproduire le bois ; les bourgeons qui repercent ont le temps de s'allonger suffisamment pour donner, l'année suivante, de bonnes branches *folifères ;* toutefois si quelques bourgeons gourmands tendaient à emporter l'arbre on les retrancherait.

La hauteur à laquelle les arbres formés doivent être maintenus dépend de la nature du sol, du climat et de la vigueur des arbres; lorsque le sol est profond et de bonne nature, que les engrais ne sont point épargnés, on peut bien élever ses sujets à 3 et même $4^{m}$, si l'on appartient à un climat méridional, où la saison favorable à la végétation dure trois mois de plus; cependant en général, il vaut mieux resserrer les dimensions de son arbre que de les trop grandir; la vigueur exubérante produit la feuille et fait avorter les fruits: c'est là le but à atteindre; aussi dans les mûriers faits, lorsque la vigueur s'amoindrit et que la sève ne circule plus abondante dans le vieux bois, est-il à propos de rapprocher son arbre en raison de la vigueur qui lui manque, et de celle qu'on veut lui donner; on crée alors de nouvelles branches, de nouveaux membres qui ont la vigueur de la jeunesse et qui redonnent à peu près l'abondance de ses produits.

La pratique comme la théorie nous semblent d'accord sur les principes qui précèdent; une fois admis, toutes les tailles qui se fondent sur eux doivent se rapprocher; après cela on peut, en en faisant de fausses applications, se jeter dans des anomalies dont les arbres souffriront; c'est ce qui fait que la taille doit toujours être confiée à des hommes judicieux et exercés, personnages toujours rares dans tous les pays.

## § XII. — FILATURE.

La filature de la soie a provoqué aussi de nombreuses recherches. MM. Boursier et Morel à Lyon, Robinet à Poitiers ont en plusieurs points perfectionné l'art; nous n'entrerons pas dans les détails techniques, longs et difficiles à développer, et sur lesquels nous ne nous croyons pas capables de prononcer; mais tout annonce que cette partie essentielle, en profitant de ce qu'il y a de mieux dans les divers perfectionnemens, aura fait elle-même de grands progrès. M. Robinet a provoqué les éducateurs à l'aider dans une série d'expériences sur les diverses variétés de vers, et à lui envoyer des cocons pour qu'il puisse apprécier leur poids relatif, la quantité de soie qu'ils peuvent fournir, la longueur et la qualité de leurs brins. M. Robinet, dans ses études faites avec soin et intelligence, pourra rendre de grands services à l'art qu'il a pris d'affection.

## § XIII. — ÉTAT PRÉSENT DE L'INDUSTRIE.

Les circonstances présentes offrent quelque chose d'encourageant aux producteurs de soie; l'Amérique depuis plusieurs années est en crise commerciale; elle recevait le tiers de nos exportations de soie, on lui en envoie peut-être aujourd'hui moitié moins; les travaux de fabrication ont donc diminué et cependant les prix de la soie se sont soutenus; il semblerait que malgré ces circonstances défavorables, les demandes auront encore été suffisantes pour faire écouler la soie produite; cet état de choses, à ce qu'il nous semble, prouve que si l'Amérique avait continué ses demandes et sa consommation la soie eût manqué à nos fabriques et par conséquent serait montée à un prix très-élevé; les plantations peuvent donc croître bien long-temps encore sans crainte d'occasionner un trop plein; et en France particulièrement nous avons à produire le double de notre production annuelle pour remplacer avec nos soies indigènes celles que nous tirons de l'étranger.

Et dans cette belle industrie, la plus riche de toutes celles qui s'exploitent en France, c'est à la production de la soie que nous devons surtout nous attacher; elle répand ses trésors sur notre sol au milieu de nos campagnes; elle les fait partager à toute la population pauvre par les riches salaires qu'elle leur distribue pendant l'éducation pour des travaux peu pénibles et à la portée de tous les âges; l'Italie a fait en ce point d'immenses progrès : ce sont ses succès qui l'endorment sous la main de plomb qui la régit; car la paix est bien facile à maintenir dans une population aisée et qui voit croître chaque année ses ressources; il faut que la production de soie d'Italie ait au moins triplé depuis 20 ans; l'Angleterre a quadruplé la quantité de soie qu'elle importe; nous avons triplé nos importations; la Suisse, les bords du Rhin, la Savoie ont triplé au moins leur fabrication, et c'est l'Italie presque seule qui fournit à ces débouchés sans cesse grandissans; mais elle n'a pu accroître si promptement sa production seulement avec ses plantations, les mûriers ne seraient point crûs assez vite; c'est donc en perfectionnant ses méthodes; mais leurs perfectionnemens nous restent inconnus; depuis l'ouvrage de Dandolo et celui de Verri nous avons eu un Mémoire intéressant sur les succès des Dlles Reina; on nous a parlé aussi des tablettes en fil de fer employées sur quelques points, mais aucun de leurs progrès ne nous a été indiqué, et cependant ils écrivent beaucoup *et librement du moins sur ce sujet.*

Ces débouchés, pour la matière première, qui chaque jour tendent à s'accroître nous sont aussi ouverts; cette denrée n'a pas à craindre les douanes; elle n'est nulle part imposée : on lui accorderait plutôt des primes; mais cette faveur dont profite cependant l'agriculture, ce n'est pas à elle qu'elle s'accorde ? c'est au tissage, à la fabrication de la soie; tous les gouvernemens sont d'accord pour donner les plus grands encouragemens aux manufactures; et cependant la manufacture agricole, celle pourtant sur laquelle se fondent principalement la richesse et la force des nations est presque universellement négligée.

## § XIV. — PRODUCTION ET IMPORTATION DE LA SOIE.

La soie produite en France doit, d'après nos anciennes données, confirmées par celles de l'honorable M. Maynard, s'élever à une valeur de 100 millions; celle importée en 1838 s'élève à 61 millions de francs; en 1839 cette importation s'est bornée à 47; cette différence vient-elle d'une moindre consommation en 1839 ou d'une plus grande production dans le pays? nous pensons qu'elle a cette double cause. C'est le Piémont qui nous fournit plus de la moitié de cette masse de soie dont la plus grande partie en soie moulinée; nous payons pour ce moulinage 70 fr. le kil. au lieu de 40; c'est évidemment une perte de plus de 15 millions que pourraient gagner nos industriels; l'Angleterre importe plus de 2 millions de kilog. de soie; et sur cette quantité, il n'y en a guère qu'un 5^me^ de moulinée; elle doit cet avantage à un droit moyen de 6 fr. par kil sur la soie moulinée; cette protection y a encouragé et fait naître des moulinages maintenant plus parfaits que ceux d'Italie.

Nos fabricans ont combattu un droit pareil; ils y trouvaient quelque avantage de prix; mais ce droit eût protégé nos mouliniers qui bientôt eussent aussi bien et mieux fait que les mouliniers étrangers.

L'évaluation de 50 à 60 millions de soie étrangère importée en France doit être presque doublée; elle est évaluée à l'entrée par la douane 40 fr. le kilog., et elle en coûte effectivement à l'acheteur de 60 à 80; nous tirerions donc de l'étranger presque autant de soie que nous en produisons, et nous produirions à peine la soie de notre propre consommation.

La fabrication française a été évaluée en dernier lieu par M. Maynard à 400 millions de francs, dont 130 à 140 millions pour l'exportation; mais cette dernière estimation est aussi une estimation de douane d'un quart au-dessous de la valeur véritable; et puis, malgré la diminution des droits, la contrebande en Angleterre, en Espagne, en Allemagne, s'élève bien encore, d'après M. Arlès Dufour, de 12 à 15 millions de soie non douanée. Nous pensons donc que nos exportations s'élèveraient à plus de 180 millions, presque moitié de notre production. Les États-Unis reçoivent un tiers de cette masse produite et l'Angleterre un sixième ou plus, à cause de la contrebande.

Mais, ce qui peut paraître bien étonnant, c'est que l'Angleterre fabrique encore plus de soieries que nous; en 1823, l'importation de soie filée était d'un million de kilogrammes; en 1835, elle s'est élevée à deux millions. Mais, d'après M. de Vaublanc, en 1823, le produit de leur fabrication était de 250 millions. Il a donc doublé, puisque la matière première a elle-même doublé. Ils fabriquent donc pour 500 millions de soierie, un quart de plus que nous. Ils restent, il est vrai, nos tributaires pour 25 à 30 millions de soieries de goût, qu'ils fabriquent moins bien que nous.

Mais, remarquons-le bien, leur marche est bien autrement rapide que la nôtre; en prenant pour base comparative les quantités de soie passées aux établissemens de condition, à Nismes, St-Etienne, Lyon et Avignon,

1823 à 1835, quantités qui peuvent représenter la progression de notre fabrication : l'augmentation n'a été que dans le rapport de 8 à 11. D'autre part, celle des cocons, produits en France, ne s'est élevée que dans le rapport de 7 à 9; notre fabrication ne se serait donc accrue que d'un quart, pendant qu'elle a doublé chez eux.

Prenons garde, dans ce mouvement ascendant, que déjà ils nous débordent et que bientôt ils nous enlèveraient, par leurs prix moins élevés et leur meilleure fabrication, nos consommateurs étrangers.

### § XV. — LIMITES DE LA PRODUCTION DE LA SOIE.

M. de Gasparin que la politique n'a heureusement pas tout à-fait enlevé aux sciences économiques et agricoles, a lu depuis peu, à l'Académie des Sciences, un mémoire qui présente de très-remarquables résultats; ce mémoire n'est encore connu que par des extraits qui n'en donnent sans doute qu'une idée peu complète; cependant, nous y voyons avec plaisir que l'opinion de l'honorable pair, sur la limite de la culture productive du mûrier, aurait été modifiée; un de ses résultats, par exemple, serait, en comparant les élémens de succès des éducations de vers à soie à Orange et à Paris, que leurs avantages seraient, pour les deux pays, dans le rapport de 38 à 31; il y aurait donc 1/5 de plus de chance pour Orange, si la meilleure répartition des pluies dans le climat de Paris ne faisait pas disparaitre en partie cette différence; la production de la soie, ajoute-t il, y aura donc un succès définitif si les circonstances statistiques et agricoles n'y opposent pas de plus grands et plus sérieux obstacles que le climat.

Nous voyons encore dans ce mémoire que la culture

du mûrier blanc est limitée au Nord par les climats où se reproduit souvent une température de 25 degrés centigrades sous zéro; le mûrier commence à pousser lorsque la température est fixée à 12,5, et sa végétation s'arrête à 13,5.

La force de végétation de l'arbre, toutes choses égales d'ailleurs, est en rapport direct avec la somme des degrés de chaleur obtenus pendant la saison chaude; la lumière est aussi un élément nécessaire à la végétation; elle l'active et en mûrit les produits; c'est encore là un avantage notable du pays méridional.

Le mûrier croît vigoureusement dans toute terre qui conserve, dans la couche de 66 centimètres d'épaisseur où il végète, une humidité moyenne de 12 centièmes du poids du sol; lorsque cette quantité d'eau diminue, la végétation subit un sommeil estival.

La manne qui tombe sur les feuilles de mûriers est une cause absolue de non succès; le Nord, où les éducations sont plus tardives, y est plus sujet que le Midi.

La fréquence des pluies est très-nuisible, et chaque jour de probabilité de pluie, pendant le dernier mois de l'éducation, peut s'estimer à un vingtième de réduction dans la récolte; sous ce rapport, les fortes pluies méridionales apportent plus d'obstacles que les légères pluies des environs de Paris.

Nous regrettons de ne pas connaître, dans tout son développement, un travail où nous aurions eu sans doute beaucoup à puiser; mais en nous résumant sur ce sujet nous dirons que le Midi a de grands avantages sur le Nord, pour la réussite, la vigueur, la durée du mûrier; cet arbre d'origine méridionale pousse tard et long-temps. L'éducation dans le Nord commence à peine quand déjà elle est finie dans le Midi. Le mûrier y a donc, pour se refaire de son dépouillement, depuis le milieu de mai, toute la saison du printemps et d'été, et en automne six semaines de plus que dans le Nord. Il a, outre cela, pendant l'été, une somme de degrés de chaleur et de lumière presque double; les sécheresses méridionales abrégent souvent, il est vrai, ce temps; mais la végétation qui se renouvelle au mois d'août a encore dans le Midi le temps d'aoûter les pousses des mois de mai et de juin et même celles qui se forment dans la seconde saison Le mûrier, dans le Midi, pourrait donc soutenir presqu'aussi bien sa vigueur avec la taille estivale qui aurait lieu dans le courant de mai, que dans le Nord avec la taille et repos bisannuels ou trisannuels, parce que dans le Nord toutes les années de cueillette sont des années de végétation avortée.

Ces avantages sont bien grands sans doute. Cependant, il semble qu'ils peuvent se compenser par le simple sacrifice d'un peu plus de terrain consacré au mûrier. Cet arbre ne pouvant, par suite du traitement qu'on lui applique et du climat peu favorable, arriver à un grand développement, ni avoir la même durée et la même vigueur que dans le Midi, on en accroîtra le nombre et on replantera plus souvent, circonstance qui peut se représenter par des chiffres, et dans laquelle on serait peut-être peu loin de la vérité en disant, que pour le climat de Paris, on serait obligé de dépenser un tiers de plus en frais de plantations et de loyer de terrain que dans nos plaines méridionales; mais ce désavantage se trouve, en grande partie, compensé par les touffes, les chaleurs du midi, les chances plus grandes de maladie et de mortalité, que fait éprouver la nécessité d'une ventilation plus active; les grands accidens sont généralement moins nombreux et moins funestes dans le nord que dans le midi, et les cocons produits sous une température qu'on peut plus aisément maitriser, y sont aussi plus lourds et donnent plus de soie; toutefois nous devons dire ici que les plateaux élevés des parties montagneuses, dans le midi, conservent tous les avantages du climat méridional, sans subir leurs inconvéniens; ils ont un air pur, vif et frais, ils ont encore les saisons longues et favorables aux mûriers, sans avoir les touffes, les grandes chaleurs, ni les brûlantes sécheresses des plaines.

M.-A. Puvis.

www.ingramcontent.com/pod-product-compliance
Lightning Source LLC
LaVergne TN
LVHW050457160826
845677LV00003B/811

* 9 7 8 2 3 2 9 6 6 9 5 1 9 *